Ernst Probst

Die Mittelsteinzeit in Niedersachsen

Die letzten Jäger und Sammler vor den ersten Bauern

Widmung

Allen Prähistorikern und Prähistorikerinnen gewidmet,
die mich bei meinen Büchern
über die Steinzeit unterstützt haben

Impressum
Die Mittelsteinzeit in Niedersachsen
1. Auflage als Printbuch: Februar 2021
Autor: Ernst Probst,
Im See 11, 55246 Mainz-Kostheim
Telefon: 06134/21152
E-Mail: ernst.probst (at) gmx.de
Herstellung: Amazon Distribution GmbH, Leipzig
Alle Rechte vorbehalten
ISBN: 979-8-711-53195-1

Inhalt

Jäger der Mittelsteinzeit mit Hund bei der Jagd auf Auerochsen.
Zeichnung: Fritz Wendler (1941–1995)
für das Buch „Deutschland in der Steinzeit" (1991)
von Ernst Probst

Vorwort

Aus den Jahrtausenden, in denen sich die letzten mittelsteinzeitlichen Jäger und Sammler in Niedersachsen vor den ersten jungsteinzeitlichen Ackerbauern und Viehzüchtern behaupteten, hat man anscheinend nur zwei Kinderskelette entdeckt. Diese Kindergräber unter dem Felsdach Bettenroder Berg IX bei Reinhausen werden sehr unterschiedlich datiert. Die letzten Jäger und Sammler behielten noch eine Zeitlang ihre althergebrachte Lebensweise mit Jagd, Fischfang und Sammeln bei, bevor sie von den eingewanderten Bauern die neuen Kenntnisse von Ackerbau, Viehzucht und Töpferei übernahmen. Zu den archäologischen Hinterlassenschaften jener Jäger und Sammler gehört das rätselhafte Kunstwerk der „Venus von Bierden" aus der Zeit um 9.000 v. Chr., die als die bisher älteste Frauendarstellung in Norddeutschland gilt. Aussagekräftige mittelsteinzeitliche Funde über Behausungen, Kleidung, Schmuck, Musikinstrumente, Wasserfahrzeuge und Religion in Niedersachsen fehlen noch.

Der schwedische Geologe und Polarforscher
Otto Martin Torell (1828–1900) aus Lund
prägte 1874 den Begriff Mittelsteinzeit (Mesolithikum).
Bild: Riksantikvarieämbetet och Statens Historiska Museer,
Stockholm

Die Mittelsteinzeit in Niedersachsen

Die Mittelsteinzeit, wissenschaftlich als Mesolithikum bezeichnet, begann laut dem Buch „Deutschland in der Steinzeit" (1991) vor etwa 10.000 Jahren, also um 8.000 v. Chr., und endete um 5.000 v. Chr. Im Online-Lexikon „Wikipedia" dagegen wird heute der Anfang der Mittelsteinzeit auf 9.600 v. Chr. und deren Ende im westlichen Mitteleuropa auf 5.800 v. Chr., im mittleren Mitteleuropa auf 5.500 v. Chr. und im nördlichen Mitteleuropa auf 4.300 v. Chr. datiert. Der zeitliche Unterschied beim Anfang der Mittelsteinzeit beruht darauf, dass man jetzt die Nacheiszeit (auch Heutzeit, Holozän oder Postglazial genannt) 1.600 Jahre früher beginnen lässt.

Den Begriff Mittelsteinzeit (Mesolithikum) hat 1874 der schwedische Geologe und Polarforscher Otto Martin Torell (1828–1900) aus Lund auf dem Internationalen Kongress für Archäologie und Anthropologie in Stockholm erstmals vorgeschlagen. Dieser aus den altgriechischen Wörtern mesos (mitten) und lithos (Stein) zusammengesetzte Name setzte sich allmählich durch. Daneben ist vor allem im romanischen Sprachbereich die Bezeichnung Epipaläolithikum (Nachpaläolithikum) gebräuchlich.

In Niedersachsen gliedern die Prähistoriker die Mittelsteinzeit nach dem Fehlen oder Vorkommen von trapezförmigen Pfeilspitzen in zwei Abschnitte, nämlich die ältere Mittelstein-zeit und die jüngere Mittelsteinzeit. Das Kriterium für die Zugehörigkeit zu einem der beiden Abschnitte ist die Zusammensetzung der Steingeräteformen im Fundgut. Dreieckige Pfeilspitzen sind typisch für die ältere Mittelsteinzeit, trapez-förmige für die jüngere Mittelsteinzeit.

Prähistoriker Hermann Schwabedissen (1911–1994).
Foto: Archäologisches Landesmuseum
der Christian-Albrechts-Universität zu Kiel,
Schloss Gottorf

Zur älteren Mittelsteinzeit gehören in Niedersachsen die Halterner Stufe und die Duvensee-Gruppe. Die Halterner Stufe war auch im angrenzenden nördlichen Nordrhein-Westfalen vertreten. In ihr finden sich keine Stielspitzen. Im Gegensatz zur vorangegangenen altsteinzeitlichen „Ahrensburger Kultur" (etwa 10.760 bis 9.650 v. Chr.) traten weniger Typen von Werkzeugen auf. Den Ausdruck Halterner Stufe hat 1944 der damals in Kiel lehrende Prähistoriker Hermann Schwabedissen (1911–1994) vorgeschlagen. Der Ausdruck Halterner Stufe beruht auf den Funden von Haltern (Kreis Recklinghausen) in Nordrhein-Westfalen.

Die Duvensee-Gruppe konnte außer in Niedersachsen auch in Schleswig-Holstein und Mecklenburg nachgewiesen werden. Dieser Begriff wurde 1925 von dem damals in Hamburg lehrenden Prähistoriker Gustav Schwantes (1881–1960) nach dem Fundort Duvenseer Moor (Kreis Herzogtum Lauenburg) in Schleswig-Holstein geprägt.

Der jüngeren Mittelsteinzeit entspricht in Niedersachsen die Boberger Stufe, die außerdem im nördlichen Nordrhein-Westfalen und in Schleswig-Holstein heimisch war. Dieser Name erinnert an die Fundstelle Boberg unweit von Hamburg in Schleswig-Holstein. Jener 1939 geprägte Name stammt von dem erwähnten Prähistoriker Gustav Schwantes.

Wenn man in Niedersachsen von einer Dauer der Mittelsteinzeit von etwa 9.600 bis 5.500 bzw. 9.600 bis 4.300 v. Chr. ausgeht, fallen in diese folgende Abschnitte der Heutzeit (Holozän[1]): Vorwärmezeit (Präboreal[2]) vor etwa 9.610 bis 8.690 v. Chr., Frühe Wärmezeit (Boreal[3]) vor ca. 8.690 bis 7.270 v. Chr. und Mittlere Wärmezeit (Atlantikum[4]) vor etwa 7.270 bis 3.710 v. Chr. Im Präboreal war der Sommer ähnlich warm wie heute und der Winter noch sehr kalt. Im Boreal war der Sommer generell wärmer als heute und der niederschlagsarme Winter

Ahrensburger Spitze
aus der Zeit der Ahrensburger Kultur (etwa 10.760 bis 9.650 v. Chr).
Zeichnung: José-Manuel Benito (via Wikimedia Commons),
Lizenz: gemeinfrei (Public domain)

meist mild. Das Atlantikum gilt als wärmste Epoche. Die Winter waren sehr milde und sehr niederschlagsreich. Im südlichen Niedersachsen wanderten schon um 5.500 v. Chr. – und somit früher als im linksrheinischen Gebiet – die ersten Bauern der jungsteinzeitlichen Linienbandkeramischen Kultur (etwa 5.500 bis 4.900 v. Chr.) ein. Die mittelsteinzeitlichen Jäger, Fischer und Sammler haben noch eine Zeitlang ihre althergebrachte Lebensweise beibehalten, bevor sie von den frühen Bauern die Kenntnisse von Ackerbau, Viehzucht und Töpferei übernahmen. Diese Anpassung dürfte schätzungsweise um 5.000 v. Chr. abgeschlossen gewesen sein. Damit endete in diesem Gebiet die Mittelsteinzeit.

Im nördlichen Niedersachsen, in das die Linienbandkeramiker nur vereinzelt vordrangen, weil es außerhalb der fruchtbaren Lössböden liegt, dauerte die Mittelsteinzeit noch bis etwa 4.300 v. Chr. Die zahlreichen Einzelfunde geschliffener Dechsel (Querbeile), die aus der Linienbandkeramischen Kultur bekannt sind, stammen entweder von jenen Zuwanderern, die über das Siedlungsgebiet der Linienbandkeramiker nach Norden vorgedrungen waren, oder sie wurden von den Menschen der Mittelsteinzeit im Tausch erworben. Dann entwickelte sich in diesem Gebiet aus einer Spätstufe der jungsteinzeitlichen Rössener Kultur (etwa 4.600–4.300 v. Chr.), die am Dümmer und in Boberg nachgewiesen ist, die bäuerliche Trichterbecher-Kultur (etwa 4.300–2.800 v. Chr.). Damit begann auch hier die Jungsteinzeit.

Das erste Jahrtausend der Mittelsteinzeit in Niedersachsen war weitgehend mit der erwähnten Klimastufe Präboreal identisch. Die Küstenlinie der Nordsee befand sich damals viel weiter im Norden als heute, sie drang aber in den folgenden 1.400 Jahren während des Boreals immer mehr nach Süden vor.

*Einwandernde Ackerbauern und Viehzüchter
der Linienbandkeramischen Kultur (etwa 5.500 bis 4.900 v. Chr.)
mit Rindern und anderem Hab und Gut.
Zeichnung von Fritz Wendler (1941–1995)
für das Buch „Deutschland in der Steinzeit" (1991)
von Ernst Probst*

Bau eines Großsteingrabes
zur Zeit der Trichterbecher-Kultur.
Zeichnung von Gerhard Beuthner (1867–nach 1935),
veröffentlicht in dem Erdal-Bilderbuch
„Aus Deutschlands Vorzeit" (1937)
von Erich Lissner (1902–1980)

Bestattung eines Kindes (Grab I)
unter dem Felsdach Abri IX bei Reinhausen (Kreis Göttingen)
in Niedersachsen.
Foto: Landratsamt Göttingen

Bisher sind zwei Ende der 1980er Jahre entdeckte Kinderskelette wahrscheinlich die einzigen Reste von Menschen aus der Mittelsteinzeit in Niedersachsen. Das erste Kinderskelett (Grab I) in gestreckter Rückenlage mit dem Kopf im Osten wurde 1988 bei Grabungen unter Leitung des Göttinger Kreisarchäologen Klaus Grote unter einem der insgesamt 14 Felsdächer an der Südflanke des Bettenroder Berges bei Reinhausen (Kreis Göttingen) im Abri IX entdeckt. Dabei handelt es sich um das rund 75 Zentimeter große Skelett eines etwa anderthalbjährigen Jungen. Das zweite Kinderskelett (Grab II), auf der rechten Seite liegend mit zum Körper hin angezogenen Knien (Hockerlage), kam 1989 bei den Grabungen von Grote unter demselben Felsdach ungefähr 4 Meter von Grab I entfernt zum Vorschein. Es ist die Bestattung eines ca. 3 Jahre alten Mädchens, das etwa 85 Zentimeter groß war. Die Ergebnisse der 14C-Altersdatierungen von Knochenproben sind sehr widersprüchlich: Grab I kurz nach der Ausgrabung um 9.100 v. Chr. und 2009 um 460 v. Chr., Grab II kurz nach der Ausgrabung um Christi Geburt und 2009 um 800 v. Chr. Der Ausgräber Klaus Grote geht wegen der Lage der beiden Bestattungen und ihrer Beifunde von einer Zeitstellung im Spätmesolithikum aus. An beiden Kinderskeletten ließen sich Mangelerscheinungen im Knochenaufbau nachweisen.

Weitere Skelettreste von Menschen aus der Mittelsteinzeit kennt man aus Baden-Württemberg, Bayern, Nordrhein-Westfalen, Thüringen, Sachsen-Anhalt, Sachsen, Brandenburg und Mecklenburg-Vorpommern.

Baden-Württemberg
In Baden-Württemberg hat man in der Falkensteinhöhle bei Thiergarten (Kreis Sigmaringen), in der Höhle Hohlenstein-

Rekonstruktion der Schädelbestattung aus der Mittelsteinzeit
in der Höhle Hohlenstein-Stadel bei Asselfingen (Alb-Donau-Kreis)
in Baden-Württemberg.
Originale in der Osteologischen Sammlung der Universität Tübingen.
Foto: Osteologische Sammlung der Universität Tübingen

Stadel bei Asselfingen (Alb-Donau-Kreis) und in Blaubeuren-Altental (Alb-Donau-Kreis) menschliche Skelettreste geborgen. Die Knochen eines etwa 30 bis 40 Jahre alten, rund 1,70 Meter großen Mannes aus der Falkensteinhöhle, der um 7.200 v. Chr. lebte, wurden 1933 von dem Oberpostrat i. R. Eduard Peters (1869–1948) entdeckt. Bei dem Fund vom Sommer 1937 im Hohlenstein-Stadel mit einem Alter von mindestens 6.400 v. Chr. handelt es sich um drei Schädel, die der Tübinger Geologe und Prähistoriker Otto Völzing (1910–2001) und der Tübinger Anatom Robert Wetzel (1898–1962) bargen. Die Schädel stammen von einer ca. 20 Jahre alten Frau, einem etwa 20- bis 30jährigen Mann und einem zwei- bis vierjährigen Kind. In Blaubeuren-Altental entdeckte man zwischen 1949 und 1951 insgesamt 18 Skelettelemente, die von mindestens vier Menschen stammen. Die ersten Funde kamen im Herbst 1949 bei der Anlage eines kleinen Parkplatzes unterhalb des Schotterwerkes E. Merkle dicht an einem Felsen im Blautal ans Tageslicht. Der Besitzer des Schotterwerkes, Eduard Merkle (1904–1951), barg einen Schädel. Zwischen 1949 und 1951 fand der Oberstudiendirektor Albert Kley (1901–2001) aus Geislingen bei der Nachsuche weitere Skelettelemente. Eine AMS-14C-Datierung des Schädels ergab ein Alter um 7.250 v. Chr. Unter dem Felsdach Inzigkofen (Kreis Sigmaringen) befand sich ein einzelner menschlicher Backenzahn. In der Jägerhaushöhle bei Fridingen-Bronnen (Kreis Tuttlingen) lagen zwei Kinderzähne.

Bayern

Die meisten Knochenreste von Menschen aus der Mittelsteinzeit in Deutschland wurden 1908 von dem Tübinger Prähistoriker Robert Rudolf Schmidt (1882–1950) in der Großen Ofnethöhle bei Holheim (Kreis Donau-Ries) in Schwaben ent-

Schädelbestattung in der Großen Ofnethöhle
bei Holheim (Kreis Donau-Ries) in Bayern.
Zeichnung des paläontologischen Zeichners
Anton Birkmaier (1869–1926) aus München,
die er nach einer Fotografie anfertigte.

deckt. Dort kamen 34 Schädel von Männern, Frauen und Kindern zum Vorschein. Lange Zeit hatte man nur von 33 Schädeln gesprochen. Bei einer Nachuntersuchung der Ofnet-Schädel entdeckte 1936 der Münchner Anthropologe Theodor Mollison (1874–1952), dass man diesen Menschen den Schädel eingeschlagen hatte. In die Mittelsteinzeit wird auch der Schädel eines etwa 25 bis 35 Jahre alten Mannes datiert, der 1913 nahe des Eingangs der Halbhöhle Hexenküche am Kaufertsberg bei Lierheim (Kreis Donau-Ries) in Schwaben gefunden wurde. Mittelsteinzeitliches Alter sollen Skelettreste von drei Menschen haben, die man im Sommer 1982 im Innenhof von Burg Nassenfels (Kreis Eichstät) in Oberbayern geborgen hat. Sie stammen von zwei Kindern im Alter von 2 und 4 Jahren sowie einem Jugendlichen zwischen 14 und 16 Jahren.

Hessen
Von den Menschen der Mittelsteinzeit in Hessen liegen bisher keine mit Sicherheit datierbaren Skelettreste vor. Vielleicht gehört der auf ein Alter von etwa 12.000 bis 8.000 Jahren geschätzte Schädel aus dem Dorf Rhünda, einem Stadtteil von Felsberg (Schwalm-Eder-Kreis), in diese Zeit. Dieser Schädel wurde am 20. Juni 1956 von den zehnjährigen Schülern Reinhart Wendel und Günther Otys am Bachufer etwa 80 Zentimeter unter der Erdoberfläche entdeckt. Damals waren sie am Tag nach einem Unwetter mit ihrem Lehrer Eitel Glatzer unterwegs. Der Fundort lag an einem neu entstandenen Ufer der Rhünda nahe ihrer Mündung in die Schwalm.

Nordrhein-Westfalen
Auch aus Nordrhein-Westfalen sind einige Skelettreste von Menschen aus der Mittelsteinzeit bekannt. Jahrzehntelang bewahrte man in der ur- und frühgeschichtlichen Sammlung

Schädel einer Frau aus der Mittelsteinzeit
aus der Blätterhöhle am Weißenstein im Lennetal (Stadt Hagen)
in Nordrhein-Westfalen. Fund von 2004.
Foto: Ingo Kramer www.volmefoto.de / CC BY-SA 3.0
(via Wikimedia Commons),
lizensiert unter Creative-Commons-Lizenz by-sa-3.0,
https://creativecommons.org/licenses/by-sa/3.0/legalcode

der Stadt Balve ein handtellergroßes menschliches Schädeldach aus der Balver Höhle (Märkischer Kreis) auf, dessen wahres Alter bis 2004 unbekannt war. Jenes Fossil ist bereits 1939 bei einer Grabung entdeckt worden. Nach Auflösung der Sammlung in Balve gelangte der Fund zu Beginn des 21. Jahrhunderts in die Obhut der LWI-Archäologie. Um das Schädeldach in der neuen Dauerausstellung im „LWL-Museum für Archäologie" in Herne richtig platzieren zu können, ließ man sein Alter im Datierungslabor der Universität in Groningen (Niederlande) datieren. Das Ergebnis überraschte: Der Fund stammt aus der frühen Mittelsteinzeit um 8.400 v. Chr..

Teilweise aus der frühen Mittelsteinzeit stammen auch menschliche Knochen, die bei Ausgrabungen in der Blätterhöhle am Weißenstein im Lennetal (Stadt Hagen) zum Vorschein kamen. Ein in die Höhle führendes mit Laub verfülltes Loch wurde 1983 von Spelealogen des „Arbeitskreises Kluterhöhle e. V." entdeckt. Ausgrabungen in der Blätterhöhle erfolgten ab 2006. Etwas Besonderes sind drei von Menschenhand deponierte Oberschädel von ausgewachsenen Wildschweinen, denen die Eckzähne entfernt wurden. An Jagdbeuteresten von Reh und Rotwild sind Schlag- und Zerlegungsspuren zu erkennen. Die menschlichen Skelettreste von mehreren Personen, darunter Kleinkinder und Jugendliche, waren vermutlich bereits bei ihrer Niederlegung in der Blätterhöhle fragmentiert und haben sich wahrscheinlich vorher an einem anderen Platz befunden.

Aus der Mittelsteinzeit könnte auch ein 1911 beim Bau des Rhein-Herne-Kanals in Oberhausen vier Meter tief unter der Erdoberfläche geborgener Oberschädel ohne Zähne stammen. Er wurde durch den Berliner Anatomen Hans Virchow (1852–1940) untersucht und 1911 beschrieben, wobei Virchow ein höheres geologisches Alter nicht ausschloss. Der Originalfund ging später durch Kriegswirren verloren. Im Bottroper Museum

Die Schauspielerin, Gästeführerin und Buchautorin Petra Paetzold,
stilvoll gekleidet als „Schamanin von Bad Dürrenberg".
Das Künstler-Ehepaar Frank Paetzold und Petra Paetzold
aus Bad Dürrenberg
veröffentlichte die siebenbändige Buchreihe „Herr Engel erzählt",
durch die Kinder und Jugendliche
die Geschichte ihrer Heimat kennenlernen sollen.
Der erste Band „Die Schamanin von Bad Dürrenberg"
erschien 2019.
Foto: Uwe Heinze

für Ur- und Ortsgeschichte" sowie im „Stadtarchiv Oberhausen" bewahrt man jedoch Abgusskopien auf.

Thüringen

Von den Menschen aus der Mittelsteinzeit in Thüringen kennt man nur aus Bottendorf, Ortsteil von Roßleben-Wiehe (Kyffhäuserkreis), aussagekräftige Skelettreste. Die Fundgeschichte der Gräber in Bottendorf begann am 14. März 1939 mit der Entdeckung eines menschlichen Skeletts durch den Arbeitsdienst. Am Tag darauf barg der Prähistoriker Friedrich Karl Bicker (1908–1967) aus Halle/Saale dieses von einem 20 bis 40 Jahre alten Mann stammende Skelett. Es wird in der Fachliteratur als Bottendorf I erwähnt. Eine 35 bis 45 Jahre alte Frau (Bottendorf II/1) sowie ein sieben bis acht Jahre altes Kind (Bottendorf II/2) hat man am 22. und 25. April 1939 in etwa 15 Meter Entfernung entdeckt. Die drei mittelsteinzeitlichen Toten von Bottendorf wurden mitten in der Siedlung bestattet. Vielleicht ist dies ein Hinweis dafür, dass man jenen Menschen auch nach dem Tode noch nahe sein wollte. Das am 15. März 1939 in Bottendorf geborgene Männerskelett wurde als „sitzender Hocker" vorgefunden, wodurch vielleicht die Vorstellung vom „Lebenden Leichnam" zum Ausdruck kommt. Dieser Fund war wie die beiden übrigen sitzenden mittelsteinzeitlichen Skelette von Bottendorf mit Rötel als der Farbe des Lebens oder zumindest der Festlichkeit bedeckt.

Sachsen-Anhalt

In Bad Dürrenberg (Saalekreis) in Sachsen-Anhalt) kamen am 4. Mai 1934 bei Kanalisationsarbeiten mitten im Kurpark die Skelettreste einer 25 bis 35 Jahre alten Frau und eines Kleinkindes im Alter von einem halben bis einem Jahr zumVorschein.

Die Schamanen der sibirischen Tungusen
tanzten noch im frühen 18. Jahrhundert
in ähnlich abenteuerlicher Aufmachung
wie mittelsteinzeitliche Zauberer in Deutschland.
Die Zeichnung zeigt einen Schamanen der Tungusen,
wie ihn der holländische Reisende
Nicolaas Witsen (1641–1717) beobachtet hat.

Sie wurden in großer Eile durch den Restaurator Wilhelm Henning aus Halle/Saale geborgen, da der Kurpark bereits am nächsten Tag eingeweiht werden sollte. Die Frau war fast 1,60 Meter groß. Man hatte sie in hockender Haltung mit dem Säugling zwischen den Oberschenkeln bestattet. Ungewöhnliche Grabbeigaben der Frau (Rehgeweih, Tierzahnanhänger und Schildkrötenpanzer) werden als Requisiten einer Schamanin gedeutet. Die Bestattung in Bad Dürrenberg wurde 1977 von dem Prähistoriker Volkmar Geupel aus Dresden in die späte Mittelsteinzeit datiert, in der Jäger, Fischer und Sammler bereits Kontakte zu den jungsteinzeitlichen Bauern der Linienbandkeramischen Kultur hatten. Bestattungssitte und Beigaben sprachen angeblich für die Mittelsteinzeit, eine ebenfalls mitgegebene Flachhacke aus Hornblendeschiefer stammte dagegen bereits aus dem jungsteinzeitlichen Kulturmilieu. Die Radiokarbon-Datierung einiger Knochen ergab ein Alter zwischen 7.000 und 6.200 v. Chr.

Weitgehend erhalten ist das Skelett einer mehr als 50jährigen Frau, das im Juli 1984 auf dem Weinberg südlich von Unseburg (Salzlandkreis) in Sachsen-Anhalt gefunden wurde. Diese Bestattung kam bei Grabungen des Landesmuseums für Vorgeschichte in Halle/Saale zum Vorschein, an der sich auch andere Helfer beteiligten. Die Frau ruhte auf der linken Seite mit zum Körper angezogenen Knien. Ihre Grabbeigaben – Feuersteinabschläge und zwei Dreiecksmikrolithen aus Feuer-stein – ließen erkennen, dass sie in der Mittelsteinzeit gelebt hatte. Sie war 1,57 Meter groß.

Sachsen

Nach der Bestattungssitte zu schließen, gehört ein 1930 auf dem Schafberg bei Niederkaina (Kreis Bautzen, obersorbisch: Wokrjes Budysin) in Sachsen entdecktes Grab in die späte

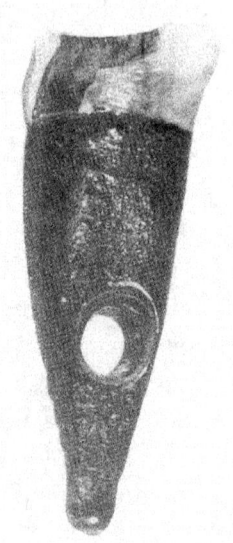 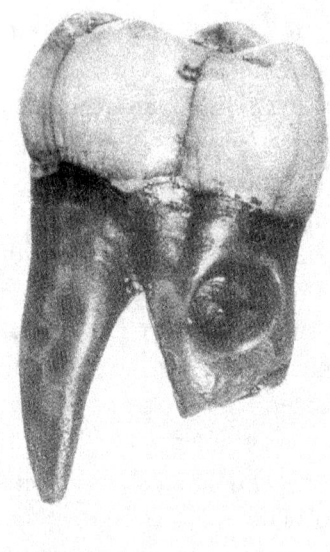

*Durchbohrte Menschenzähne aus der Zeit
der Duvensee-Gruppe (etwa 7.000 bis 6.000 v. Chr.)
von Friesack 4 (Kreis Havelland) in Brandenburg,
die als Kettenschmuck verwendet wurden.
Links Eckzahn (1,95 Zentimeter hoch), rechts Backenzahn.
Originale im Museum für Ur- und Frühgeschichte Potsdam.
Foto: Museum für Ur- und Frühgeschichte Potsdam*

Mittelsteinzeit. Im dortigen Sandboden waren die menschlichen Knochen bei der Entdeckung des Grabes jedoch schon verwest. Sandboden entzieht Knochen das Kalzium, weshalb sie dann schneller zerfallen.

Auch in den 1983 bei Begehungen im Braunkohlen-Tagebauvorfeld aufgespürten fünf Gräbern südlich von Schöpsdorf (Kreis Görlitz) in Sachsen hatten sich die Skelettreste von Jägern und Sammlern im Sandboden bereits aufgelöst. Diese Gräber waren auf zwei Dünenkuppen (Fundstelle 2 und Fundstelle 14) verteilt und rund 300 Meter voneinander entfernt. Ein Grab scheint nahe eines Lagerplatzes angelegt worden zu sein. Zumindest noch Zahnreste befanden sich in Grab 2 der Fundstelle 2 und in Grab 1 der Fundstelle 14. Dass es sich um Bestattungen aus der Mittelsteinzeit handelte, zeigten Rötelverfärbungen und in vier Gräbern auch typische Feuersteingeräte. Grab 2 von Fundstelle 2 (auch Schöpsdorf 2) enthielt eine kurze trapezförmige Pfeilspitze, wie sie für die jüngere Mittelsteinzeit typisch ist. Grab 1 von Fundstelle 14 (Schöpsdorf 14) bestand gleichzeitig wie die bäuerliche Linienbandkeramische Kultur. Das Dorf Schöpsdorf (obersorbisch: Sepsecy) wurde 1967 nach Merzdorf eingemeindet und ab 1981 vom Tagebau Bärwalde überbaggert.

Brandenburg

Für einen menschlichen Schädeldachrest und zwei Zähne bei Friesack (Kreis Havelland), etwa 60 Kilometer nordwestlich von Berlin, ist die Zuordnung zur mittelsteinzeitlichen Duvensee-Gruppe (etwa 7.000 bis 6.000 v. Chr.) gesichert. Diese Kulturstufe ist nach dem Fundort Duvenseer Moor (Kreis Herzogtum Lauenburg) in Schleswig-Holstein benannt. Der Schädelrest und die beiden Zähne von Friesack wurden bei den Grabungen des Potsdamer Prähistorikers Bernhard

*Weg zum Weinberg bei Groß Fredenwalde
(Kreis Uckermark) in Brandenburg,
einem Grab- und Kultplatz der Mittelsteinzeit.
Foto: Aquilla / CC BY-SA 3.0 (via Wikimedia Commons),
lizensiert unter Creative-Commons-Lizenz by-sa-3.0,
https://creativecommons.org/licenses/by-sa/3.0/legalcode*

Gramsch am Fundplatz Friesack 4 entdeckt. Dies ist ein Talsandhügel innerhalb des Warschau-Berliner-Urstromtales, das in der Weichsel-Eiszeit entstanden ist.

Ein bedeutender Bestattungsplatz aus der jüngeren Mittelsteinzeit zwischen etwa 6.400 und 4.900 v. Chr. lag auf dem Weinberg bei Groß Fredenwalde (Kreis Uckermark) in Brandenburg. Die dort beerdigten Menschen gelten als die letzten Jäger, Fischer und Sammler kurz vor dem Beginn der „neolithischen Revolution" mit dem Aufkommen von Ackerbau und Viehzucht in Norddeutschland. Auf den Bestattungsplatz wurde man 1962 beim Ausheben einer Baugrube für einen Signalmast auf dem Gipfel des Weinbergs aufmerksam. Dabei hat man Skelettreste von sechs Personen notdürftig geborgen: zwei Männer, 30 bis 39 und 40 bis 49 Jahre alt und 1,56 Meter groß, eine Frau, 40 bis 49 Jahre alt sowie 1,52 Meter groß, drei Kinder im Alter von 3 bis 4, 4 bis 5 und 7 bis 8 Jahren. Die Toten wurden mit rotem Ocker bestreut und mit Grabbeigaben – Knochenpfrieme, Feuersteinklingen und Feuersteinabschläge – versehen. An einem Schädel befanden sich durchbohrte Tierzahnanhänger, die offenbar auf einem Band aufgefädelt waren. Auf Initiative des Prähistorikers Thomas Terberger erfolgten 2012, 2014, 2019 und 2020 Nachuntersuchungen auf dem Weinberg. Bei den Ausgrabungen von 2014 entdeckte man die Reste von drei Menschen. Ein um 5.000 v. Chr. gestorbener, 25 Jahre alter und 1,56 Meter großer Mann wurde aufrecht stehend in einer offen gelassenen Grube bestattet. Erst als der Körper zerfallen war, schüttete man die Grube zu und zündete darüber ein Feuer an. Weil man ihn mit Feuerstein-Artefakten und zwei Knochenwerkzeugen als Beigaben austattete, betrachtet man ihn als Handwerker. Aus der Zeit um 6.400 v. Chr. stammt ein Kleinkind im Alter von etwa einem halben bis einem Jahr, das man bei der Bestattung mit

Prähistoriker Thomas Terberger,
seit April 2013 am Niedersächsischen Landesamt für Denkmalpflege
in Hannover.
Foto: Axel Hindemith / CC BY-SA 3.0
(via Wikimedia Commons),
lizensiert unter Creative-Commons-Lizenz by-sa-3.0,
https://creativecommons.org/licenses/by-sa/3.0/legalcode

Ocker bestreut hatte. 2019 und 2020 wurde auf dem Weinberg je ein weiteres Grab entdeckt. Insgesamt sind von 1962 bis 2020 auf dem Bestattungsplatz von Groß Fredenwalde elf Bestattungen gefunden worden.

Weitere menschliche Skelettreste aus der Mittelsteinzeit in Brandenburg liegen aus Berlin-Schmöckwitz, bei Königs Wusterhausen und Rathsdorf vor. In Berlin-Schmöckwitz, früher ein Fischerdorf, heute ein Ortsteil des Berliner Bezirks Treptow-Köpenick, stieß 1925 der Oberstudiendirektor Karl Hohmann (1886–1969) aus Eichwalde bei Berlin nahe der Dahme auf drei Bestattungen aus der älteren Mittelsteinzeit. Bei einer davon handelte es sich um einen 1,55 bis 1,60 Meter großen Mann mit bemerkenswert großem Schädel.

Von Karl Hohmann wurde 1956 auch der Bericht über eine mittelsteinzeitliche Bestattung veröffentlicht, die 1955 in Kolberg am Wolziger See (Kreis Dahme-Spreewald) entdeckt worden war. Dort hatte man eine etwa 20 bis 25 Jahre alte Frau mit einer Körpergröße von 1,42 Meter begraben.

2008 kam vor dem Bau einer neuen Erdgasleitung (Ostsee-Pipeline-Anbindungsleitung = „Opal") in Rathsdorf (Kreis Märkisch Oderland) etwa 85 Zentimeter unter der Erdoberfläche ein weibliches Skelett aus der späten Mittelsteinzeit zum Vorschein. Auf dieses war man durch ein bei der Probegrabung unter Leitung von Ralph Lehmpfuhl entdecktes Schlüsselbein aufmerksam geworden. In der Presse wurde dieser Fund irrtümlich als „Märkischer Ötzi" bezeichnet. Zu den Grabbeigaben der Frau gehörten eine Knochenspitze, drei Feuersteinartefakte und mindestens 134 Tierzähne.

Mecklenburg-Vorpommern
Eine Einstufung in die mittelsteinzeitliche Duvensee-Gruppe wird für die Skelettreste von drei Menschen aus Nehringen

Prähistoriker Klaus Grote,
von 1979 bis 2012 Leiter der archäologischen Denkmalpflege
für das Kreisgebiet Göttingen,
zuvor Ausgrabungen und Untersuchungen
zu allen Perioden vom Mittelpaläolithikum bis zur Neuzeit
im In- und Ausland.
Foto: Privatarchiv Dr. Klaus Grote

(Kreis Vorpommern-Rügen) und ein Skelett aus Plau (Kreis Ludwigslust-Parchim), beide in Mecklenburg-Vorpommern, erwogen.

Die Skelettreste von drei Menschen in angeblich sitzender Hockerstellung aus Nehringen wurden 1923 entdeckt. Bei ihnen sollen sich einige einfache Feuersteinklingen befunden haben. Diese Skelettreste hat man weder fachmännisch geborgen, noch existieren davon Zeichnungen, Fotos oder exakte Beschreibungen dieser Funde. Auch ihr Verbleib ist leider unbekannt. Auf das Skelett aus Plau stieß man 1846 in dem Weinberg, der heute Klüschenberg heißt. Es lag etwa 1,80 Meter tief unter der Erdoberfläche im Kiessand. Bedauerlicherweise wurde dieser seltene Fund von Arbeitern zerschlagen. Die Skelettreste gelangten in den Besitz eines Einwohners aus Plau, der sie dem als Heimatforscher bekannten Pastor Johann Ritter (1799–1880) aus Vietlübbe schenkte. Der Fund wurde 1847 durch den Schweriner Archivar und Prähistoriker Friedrich Lisch (1801–1883) beschrieben.

Die Prähistoriker Thomas Terberger (damals in Greifswald) und Klaus Grote (Göttingen) schrieben 2011 im „Archäologischen Korrespondenblatt", es sei unklar, ob Höhlen und Abris in der Mittelgebirgszone im älteren Mesolithikum für Körperbestattungen genutzt wurden. Höhlen schienen im frühen Holozän vornehmlich für sekundäre Deponierungen menschlicher Überreste genutzt worden zu sein. Das heißt: Man hätte den Leichnam eines Verstorbenen erst an einem Ort bestattet und nach gewisser Zeit die Skelettreste in eine Höhle gebracht. Neben Höhlendeponierungen sei im borealen Mesolithikum auch die Sitte der Brandbestattung im Freiland nachgewiesen. Erst im atlantischen Mesolithikum seien Körperbestattungen deutlich häufiger geworden. Aber Höhlen seien

Nachbau einer Hütte aus der Mittelsteinzeit um 8.000 v. Chr.
im archäologischen Themenpark „Archeon"
in Alphen aan den Rijn (Niederlande).
Foto: Marc Strauch (via Wikimedia Commons),

ebenso für Bestattungen und sekundäre Deponierungen genutzt worden.

Die Menschen der Mittelsteinzeit in Niedersachsen haben – nach den Funden zu schließen – vor allem im Freiland gewohnt. Häufig handelt es sich bei diesen Siedlungsspuren lediglich um eine auffällige Konzentration von Steingeräten unmittelbar auf der Erdoberfläche. Solche Fundstellen liegen meist auf Kuppen, vorspringenden Geländeerhebungen wie Dünen oder an Hängen über Niederungen. Typisch für diese Freilandstationen ist die Nähe eines Wasserlaufes, der die Trinkwasserversorgung gewährleistete.

Derartige nur durch zahlreiche Steingeräte an der Oberfläche belegte Siedlungen lassen sich oft weder allein der älteren noch der jüngeren Mittelsteinzeit zuweisen. Denn diese bevorzugt für Aufenthalte genutzten Plätze wurden nicht selten in beiden Abschnitten der Mittelsteinzeit in gewissen Abständen immer wieder aufgesucht, wobei jedesmal Hinterlassenschaften zurückblieben. Die Steingeräte und bei ihrer Herstellung entstandenen Abfälle wurden von ehemaligen Bewohnern, aber auch von Nachfahren oft beim Pflügen miteinander vermischt. Eine solche durch den Pflug an die Erdoberfläche gelangte Konzentration von Steingeräten aus der älteren Mittelsteinzeit entdeckte im Frühjahr 1964 der Schriftsteller Hans-Joachim Haecker (1910–1994) aus Hannover bei Bredenbeck am Deister (Kreis Hannover). Weitere Funde glückten bei einer Grabung, die unter der Leitung des Archäologen Walter Nowothnig (1907–1971) aus Hannover durchgeführt wurde.

Umstritten ist die angeblich mittelsteinzeitliche Freilandsiedlung von Bockum (Kreis Lüneburg). Auf sie stieß der Landwirt und Heimatforscher Hans Piesker (1894–1977) aus Hermannsburg, als er im Sommer 1934 eine am östlichen Ufer der Lopau angelegte kleine Sandgrube untersuchte. Dabei fand er Kratzer,

Mikrolithen aus der jüngeren Mittelsteinzeit (Boberger Stufe)
von Coldinne (Kreis Aurich) in Niedersachsen.
Der zweite Mikrolith von links
ist fast 2,5 Zentimeter lang.
Foto: Forschungsinstitut der Ostfriesischen Landschaft in Aurich

Trapezförmige Mikrolithen aus der jüngeren Mittelsteinzeit
von der Schinderkuhle (Kreis Celle) in Niedersachsen.
Länge des größten Exemplars 2,1 Zentimeter.
Foto: Niedersächsisches Landesmuseum Hannover

Klingen und Abfälle der Geräteherstellung aus Feuerstein. Bei einer genaueren Erforschung der Sandgrube durch Piesker und zwei Helfer kam der bereits teilweise durch den Abbau von Sand zerstörte, 3,50 mal 2,50 Meter große mutmaßliche Grundriss einer Hütte zum Vorschein. Andere Prähistoriker halten diesen Fund allerdings für den Bestandteil eines bronzezeitlichen Grabhügels.

In die jüngere Mittelsteinzeit wird ein Rastplatz bei Coldinne (Kreis Aurich) im nördlichen Niedersachsen datiert, den 1979 der Heimatforscher Werner Kitz aus Norden untersuchte. Wie eine kleine Feuerstelle von etwa 40 Zentimeter Durchmesser und etliche Steinwerkzeuge belegen, hatten dort für kurze Zeit Jäger gelagert. Bei den Funden handelt es sich fast ausschließlich um trapezförmige Pfeilspitzen. Die Lagerstelle wurde zu einer Zeit angelegt, in der im südlichen Niedersachsen bereits linienbandkeramische Bauern lebten.

Einige der ältesten und am besten erhaltenen Bögen Europas wurden in einer mittelsteinzeitlichen Siedlung von Holmegårds Mose auf Seeland (Dänemark) gefunden. Dort hat man Reste von fünf Bögen aus der Zeit um 7000 v. Chr. entdeckt. Pfeilschäfte, Pfeilspitzen und Pfeilschaftglätter liegen auch aus Deutschland vor. Pfeilspitzen mit trapezförmiger Form aus der späten Mittelsteinzeit werden als Querschneider oder Pfeilschneiden bezeichnet. Ihr Einschuss verursacht eine größere und stärker blutende Wunde als eine längliche dreieckige Pfeilspitze.

Bei langjährigen Geländearbeiten und Materialauswertungen des Prähistorikers Klaus Grote aus Göttingen wurden etliche Siedlungen im südlichen Niedersachsen erforscht.

In Salzderheiden (Kreis Northeim) förderte 1973 eine Probegrabung in einer Freilandstation auf dem Kleinen Heldenberg im Leinetal Pfostenbefunde, paläobotanisches Material

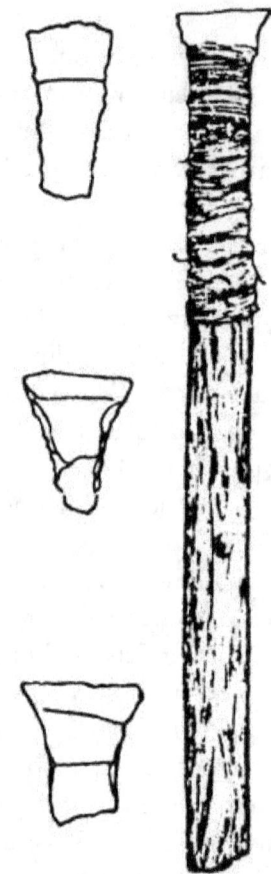

Mittelsteinzeitliche Pfeilspitze (Querschneider)
von Tværmose (Dänemark).
Zeichnung aus einer Publikation
des englischen Prähistorikers John Grahame Clark (1907–1995)
von 1936

sowie geschlagene Flint- und Kieselschiefer-Artefakte zu Tage. Bei einer Flächengrabung im Oberwesertal an der Einmündung des Schedetales bei Volkmarshausen (Kreis Göttingen) wurden 1980 von Menschen geschaffene Gruben mit Steinplattenausbau und Fundinhalt (frühmesolithische Artefakte, Holzkohlen, angeschliffene Sandsteinplatten) entdeckt. 1982 stieß man nach dem Umbruch einer Wiese über einem südlichen Werratal-Steilhang bei Laubach (Kreis Göttingen) auf eine Freilandstation der späten Mittelsteinzeit. Zum Fundgut gehören 500 geschlagene Artefakte aus nordischem Flint, örtlichem Kieselschiefer und Tertiärquarzit, ein beidseitig gemuldeter Klopfstein, ein Pfeilschaftglätter, Schleifplatten aus Sandstein, ein geschliffener Dechsel, der von einem Kontakt mit frühen Bauern stammt, und auf trapezförmige Pfeilspitzen (Querschneider).

Als Skandinaviens ältestes Haus gilt das zwischen 1987 und 1989 an einer Lagune der ehemaligen Ostsee-Küstenlinie entdeckte 8.500 Jahre alte Tingby-Haus in Schweden. Das zweischiffige rechteckige Holzhaus war 8,80 Meter lang und 3,50 Meter breit. In seiner Nähe befand sich eine halbmondförmige Steinsetzung mit einer Öffnung nach Nordosten. Dabei handelt es sich wohl um Überreste einer offenen Hütte. Eine Rekonstruktion des Tingby-Hauses steht nahe der Fundstelle auf dem Gelände einer Außenstelle des „Kalmar läns museum" in Kalmar (Schweden).

In manchen Gebieten Niedersachsens – wie am südwestlichen Harzrand (Felsdächer am Schulenberg bei Scharzfeld) und im Reinhäuser Wald bei Göttingen – haben die damaligen Menschen kurzfristig Plätze unter Felsdächern als Lager benutzt. So diente beispielsweise das Felsdach Sphinx II bei Reiffenhausen (Kreis Göttingen) mindestens achtmal als Aufenthaltsort von Jägern und Sammlern. Dies kann man aus der Zahl unterschiedlich alter Brandhorizonte ablesen. Im Bereich

Abri IX am Bettenroder Berg bei Reinhausen (Kreis Göttingen)
in Niedersachsen. Foto: Quadricarinatus / CC BY-SA 3.0
(via Wikimedia Commons),
lizensiert unter Creative-Common-Lizenz by-sa-3.0,
https://creativecommons.org/licenses/by-sa/3.0/legalcode

ehemaliger Feuerstellen fanden sich zahlreiche Steingeräte und ein aus Steinen errichteter Röstofen für Haselnüsse. Auch unter dem nur wenig vorspringenden Felsdach am Allerberg bei Reinhausen (Kreis Göttingen) haben sich in der Mittelsteinzeit kurzfristig Menschen aufgehalten, wie einige verstreute Steingeräte aus dieser Zeit zeigen. Besonders aufschlussreich erwiesen sich die Funde aus der etwa 30 Zentimeter dicken, durch Brandreste schwarz gefärbten Kulturschicht unter einem der vielen Felsdächer am Bettenroder Berg, das in der Fachliteratur als Abri I bezeichnet wird. Dort hatte man in der Mittelsteinzeit den Boden mit kleinen Sandsteinplatten gepflastert und darauf eine Feuerstelle angelegt. In deren Umkreis fand man zahlreiche Nahrungsabfälle, darunter Jagdbeutereste vom Auerochsen, Reh und Wildschwein, aber auch Skelettreste eines Haushundes. Verbrannte Haselnussschalen verweisen auf die Vorliebe für diese Nahrung.

Der von gezähmten Wölfen abstammende Hund blieb in der Mittelsteinzeit in Europa das einzige Haustier. Skelettreste von Hunden aus dieser Periode wurden in England (Star Carr), an mehreren Orten in Deutschland (Euerwanger Bühl in Bayern, Senckenberg-Moor in Frankfurt am Main in Hessen, Erfttal bei Bedburg in Nordrhein-Westfalen, Abri I am Bettenroder Berg in Niedersachsen, Hohen Viecheln und Tribsees in Mecklenburg) und Dänemark (Maglemose) entdeckt.

Fischfang wird in Brandenburg durch etliche Funde belegt. Der Prähistoriker Bernhard Gramsch, von 1965 bis 1991 Direktor des Museums für Ur- und Frühgeschichte Potsdam, erwähnte bereits 1973 insgesamt 38 Angelhaken aus organischem Material aus dem Havelland westlich von Berlin. Einen Angelhaken aus Knochen entdeckte man in Kleinlieskow im Braunkohlentagebau Cottbus. In Friesack 4 (Kreis Havelland) glückte der Fund eines Fischernetzes aus Bast.

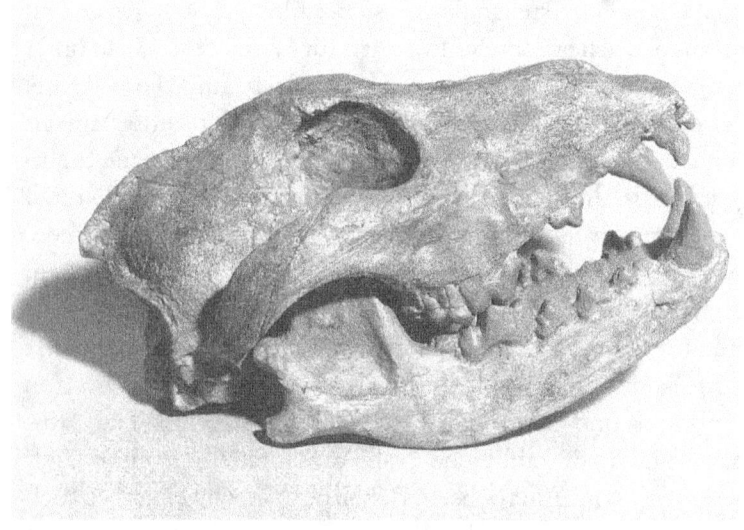

Schädel eines Hundes („Senckenberghund")
aus der Mittelsteinzeit vom Senckenberg-Moor bei Frankfurt/Main
in Hessen. Länge 19 Zentimeter.
Foto: Forschungsinstitut Senckenberg, Sektion Paläozoologie II,
Frankfurt am Main

Belege für mittelsteinzeitliche Schifffahrt auf niedersächsischen Gewässern liegen bisher nicht vor. Als eindrucksvollstes Belegstück für Schifffahrt zu jener Zeit gilt der im August 1955 entdeckte, fast 3 Meter lange, nahezu 45 Zentimeter breite und ungefähr 30 Zentimeter hohe Einbaum aus einem Moor bei Pesse in der holländischen Provinz Drenthe. Eine radiometrische Altersdatierung ergab, dass dieser Einbaum um 6.315 v. Chr. hergestellt worden ist. Vielleicht wurde jenes Wasserfahrzeug beim Fischfang und Aufsuchen von Muschelbänken benutzt. In Norddeutschland hat man Paddel aus der Mittelsteinzeit in Duvensee (Kreis Herzogtum-Lauenburg) und in Gettorf (Kreis Rendsburg-Eckernförde) entdeckt, in Ostdeutschland in Friesack (Kreis Nauen). Je ein Paddel konnte auch in Holmegård auf Seeland (Dänemark) sowie in Star Carr (England) geborgen werden.

Als eines der sehr seltenen mittelsteinzeitlichen Kunstwerke in Niedersachsen gilt ein längliches Tonschiefergeröll mit eingraviertem Fischgrätmuster. Es wurde von einem Sammler im Fundgebiet „Wedebruch" von Langelsheim (Kreis Goslar) entdeckt. Die dort seit den 1970er Jahren geborgenen Mikrolithen stammen aus der älteren Mittelsteinzeit.

Im Sommer 2011 kam bei einer Ausgrabung unter Leitung des Prähistorikers Klaus Gerken bei Bierden (Kreis Verden) die bisher älteste Frauendarstellung in Norddeutschland zum Vorschein. Die Fundstelle liegt etwa 1,6 Kilometer vom heutigen Flusslauf der Weser entfernt auf einem Schwemmsandrücken. Diese erhöhte Stelle diente Jägern und Sammlern in der frühen Mittelsteinzeit als Lagerplatz. Bei dem Kunstwerk handelt es sich um die eingravierte Darstellung eines Frauenkörpers auf einem 5 mal 7 Zentimeter großen Sandstein. Der als Retuscheur verwendete Stein weist Ritz-, Schliff- und Politurspuren auf. Man hat ihn zum Abschlagen von Kanten

*Einbaum von Pesse, Provinz Drenthe (Niederlande),
im August 1955 bei Bauarbeiten zur Autobahn Rijksweg 28
im kleinen Moor Blikkenveen entdeckt.*

Mittelsteinzeitliches Paddel von Duvensee
(Kreis Herzogtum-Lauenburg) in Schleswig-Holstein.
Foto: Archäologisches Museum Hamburg / CC BY-SA 3.0
(via Wikimedia Commons),
lizensiert unter Creative-Commons-Lizenz by-sa-3.0,
https://creativecommons.org/licenses/by-sa/3.0/de/legalcode

46

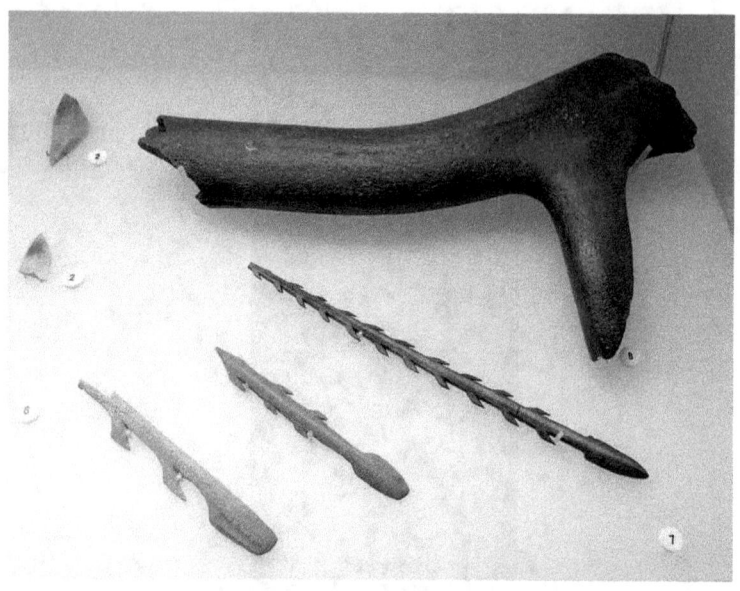

*Mittelsteinzeitliche Harpunen (unten) und Lingby-Beil (oben)
im Archäologischen Landesmuseum Brandenburg.
Foto: Wolfgang Sauber / CC BY-SA 4.0 (via Wikimedia Commons),
lizensiert unter Creative-Colmmons-Lizenz by-sa-4.0,
https://creativecommons.org/licenses/by-sa/4.0/legalcode*

Mittelsteinzeitliche Angelhaken
im Archäologischen Landesmuseum Brandenburg.
Foto: Wolfgang Sauber / CC BY-SA 4.0 (via Wikimedia Commons),
lizensiert unter Creative-Commons-Lizenz by-sa-4.0,
https://creativecommons.org/licenses/by-sa/4.0/legalcode

Venus von Bierden (Kreis Verden) in Niedersachsen
in der Ausstellung „Bewegte Zeiten. Archäologie in Deutschland"
in Berlin. Größe des Sandsteins 5 mal 7 Zentimeter.
Foto: Henning Haßmann / CC BY-SA 3.0
(via Wikimedia Commons),
lizensiert unter Creative-Commons-Lizenz by-sa-3.0,
https://creativecommons.org/licenses/by-sa/3.0/legalcode

anderer Steingeräte und zum Glätten weicher Materialien verwendet. Nach der Gravur wurde er seltener zur Bearbeitung von Steinmaterial genutzt. Wegen der Fundsituation datiert man den Retuscheur auf ungefähr 9.000 v. Chr. Die Gravur stellt mit zwei Ritzlinien vielleicht die Beinpartie und den Körper einer nackten Frau dar. Auf den ersten Blick wirken die Ritzlinien wie eine Frontalansicht auf eine Frau. Wie bei Frauendarstellungen aus der Altsteinzeit sind weder der Kopf noch die Füße zu sehen. Zwischen den Beinen deutet eine Kerbe den Schambereich an. In der Gegend des Bauchnabels ist eine kleine Mulde erkennbar, die entweder absichtlich geschaffen wurde oder nur unabsichtlich entstand. Nach einer anderen Deutung stellt die stärker gebogene Linie rechts die Seitenansicht einer Frau mit üppigem Gesäß dar. Gesäßbetonte Darstellungen sind in der Alt- und Jungsteinzeit keine Seltenheit. Womöglich zeigt die stärker ausgeprägte Linie in der Seitenansicht den Bauch einer schwangeren Frau.

Der Sandstein mit der Frauengravur befand sich unter Feuersteingeräten, die technologisch und typologisch zwischen Inventaren der Federmesser-Gruppen (etwa 12.000 bis 10.800 v. Chr.) und des Frühmesolithikums (ab 9.600 v. Chr.) stehen. Datierungen von Holzkohleresten mit der Radiokarbonmethode ergaben ein Alter zwischen etwa 9.200 und 8.800 v. Chr. Laut Online-Lexikon „Wikipedia" ist die Nutzung des Retuscheurs im frühen Mesolithikum belegt. Ähnliche Frauendarstellungen kennt man aus der Zeit des nach einem französischen Fundort benannten Magdalénien (etwa 18.000 bis 12.000 v. Chr.) auch aus Deutschland.

Da man bisher in Norddeutschland keine ähnlichen Frauendarstellungen aus der Mittelsteinzeit geborgen hat, wird von manchen Prähistorikern bezweifelt, dass es sich bei dem Fund bei Bieren um ein Kunstwerk handelt. Das Fehlen solcher

Prähistoriker Klaus Gerken, der Entdecker der „Venus von Bierden"
(Kreis Verden) in Niedersachsen.
Foto: Axel Hindemith / CC BY-SA 3.0 (via Wikimedia Commons),
lizensiert unter Creative-Commons-Lizenz by-sa-3.0,
https://creativecommons.org/licenses/by/3.0/legalcode

Funde in Norddeutschland lässt sich aber durch schlechte Erhaltungsbedingungen im entkalkten, sandigen Boden des norddeutschen Flachlandes erklären. Knochen, Bernstein, Leder und Holz auf und aus denen man derartige Kunstwerke schaffen könnte, vergehen darin schnell.

Die bei Bierden gefundene mutmaßliche Frauendarstellung wird wie ähnliche Kunstwerke aus der Alt- und Jungsteinzeit als „Venus" bezeichnet. Weil der Fund vor der Verlegung der Nordeuropäischen Erdgasleitung („NEL") glückte, gab man ihm zunächst den Spitznamen „Nelly". Später sprach man von der „Venus von Bierden" oder von „Nelly, der Venus von Bierden". Die zwischen 2010 und 2013 durchgeführtern Ausgrabungen auf der Erdgastrasse der „NEL" waren das bisher größte Archäologieprojekt in Niedersachsen. Sie führten mit rund 150 Fundstellen zur Entdeckung weitgehend unbekannter Siedlungsstellen sowie Gräberfelder. Rund 50 Meter von der Fundstelle der „Venus von Bierden" und anderer tausende von Artefakten entfernt stieß man auf ein gleichartiges Fundareal. Beide Fundplätze gelten in Niedersachsen als bedeutsame Plätze der Mittelsteinzeit.

Im Vergleich mit den altsteinzeitlichen Gravierungen auf Steinplatten von Gönnersdorf in Rheinland-Pfalz wirken die erwähnten mittelsteinzeitlichen Kunstwerke aus Niedersachsen armselig. In Gönnersdorf, einem Ortsteil des Stadtteils Feldkirchen der Stadt Neuwied in Rheinland-Pfalz, haben die einstigen Bewohner einer Siedlung vor rund 15.500 Jahren etwa 200 Darstellungen von Tieren und rund 400 von Frauen in grauschwarzen Schieferplatten eingraviert, die in den Behausungen als Fußboden dienten. Unter den Tierdarstellungen überwiegen vor allem Wildpferde (74 Motive) und Mammute (61 Motive). Wesentlich seltener wurden Fellnashörner und Hirsche abgebildet. Nur je einmal sind Elch (oder Saiga-Antilope),

Schieferplatte von Gönnersdorf mit Frauendarstellungen
(Venusdarstellungen) aus der Altsteinzeit vor etwa 15.500 Jahren.
Foto: Regina Hecht (via Wikimedia Commons),
Lizenz: GNU Free Documentation License, Version 1.2

Auerochse, Wisent, Wolf und Höhlenlöwe (ohne Kopf) dargestellt. Andere Motive zeigen Fische, Vögel (Wasservögel), Schneehuhn, Kolkrabe und Robben. All diese Tiergravierungen wirken sehr realistisch. Die größte von ihnen ist ein 50 Zentimeter erreichendes Wildpferd. Frauen sind in strenger Profilansicht mit nur einem Arm und einer Brust sowie mit auffällig betontem Gesäß abgebildet. Der Kopf ist niemals zu sehen. Auch die Füße fehlen fast immer. Die jungen Mädchen oder Frauen befinden sich in der Halbhocke oder sogar im Sprung. Nicht selten sind die Frauenfiguren hintereinander aufgereiht. Oder man kann zwei einander zugewandte Frauen erkennen. Es gibt bisher keine Erklärung dafür, weshalb man in Gönnersdorf so viele Frauen – und fast keine Männer – in die Schieferplatten eingravierte.

Auf Musik und Tanz in der Mittelsteinzeit weisen einige Funde aus Deutschland hin. Ein außen teilweise beschnittenes, längsdurchlochtes Zweigfragment mit zungenartigem Ende aus Friesack (Kreis Havelland) in Brandenburg lässt sich als Flöte deuten. Aus Pritzerbe, einem Ortsteil der Stadt Havelsee (Kreis Potsdam-Mittelmark) in Brandenburg, ist ein 12,8 Zentimeter langes knöchernes Schwirrgerät bekannt. Mit einem solchen Gerät konnte man einen wechselnden hohen und tiefen Summton erzeugen, wenn man es an einem Riemen hängend rasch kreisen ließ. Einige von Menschenhand bearbeitete Stücke aus dem Holz von Haselnusssträuchern aus Hohen Viecheln (Kreis Nordwestmecklenburg) in Mecklenburg gelten als Pfeifen – allerdings nur zum Anlocken von Vögeln bei der Jagd. Tanz ist durch die Gravierung eines Tänzers auf einer Geweihaxt aus der Eckernförder Bucht (Kreis Rendsburg-Eckernförde) in Schleswig-Holstein belegt.

Für die Steingeräte der Halterner Stufe aus der älteren Mittelsteinzeit ist typisch, dass unter ihnen die nach einem

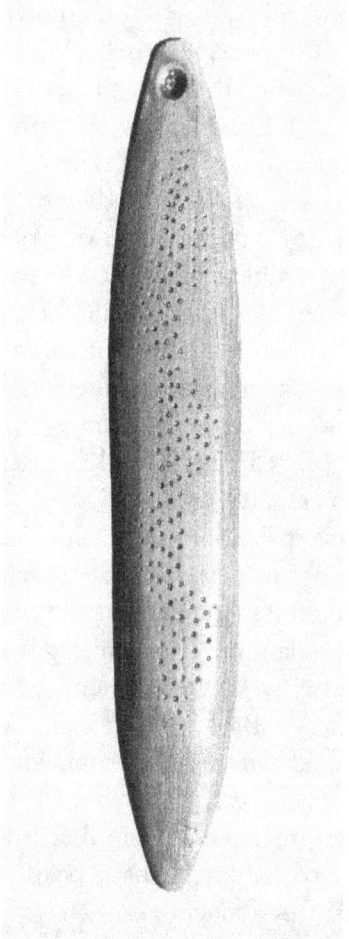

Musikinstrument aus der Mittelsteinzeit:
knöchernes Schwirrgerät von Pritzerbe,
Ortsteil der Stadt Havelsee (Kreis Potsdam-Mittelmark) in Brandenburg.
Länge 12,8 Zentimeter.
Foto: Museum für Ur- und Frühgeschichte Potsdam

holländischen Fundort benannten Zonhoven-Spitzen vorherrschen, während trapezförmige Pfeilspitzen fehlen. Etwa gleichaltrig wie die Halterner Stufe ist die weit von Nordosten nach Niedersachsen hineinreichende Duvensee-Gruppe. Diese beiden Stufen unterscheiden sich völlig im Inventar der Steinwerkzeuge: In der Halterner Stufe fehlen Beile, während für die Duvensee-Gruppe die Kern- und Scheibenbeile aus Feuerstein charakteristisch sind.

Der Halterner Stufe werden in Niedersachsen unter anderem folgende Fundstellen zugerechnet: Ahlerstedt[5] (Kreis Stade), Darlaten-Moor[6] bei Uchte (Kreis Nienburg), Diddersee[7] (Kreis Gifhorn), Klausheide[8] bei Nordhorn (Kreis Grafschaft Bentheim) und Schinderkuhle I bei Celle (Kreis Celle).

Zur Duvensee-Gruppe gehört beispielsweise die erwähnte Fundstelle Bredenbeck am Deister (Kreis Hannover). Dort fand man neben Schlagsteinen und Kratzern auch Kern- und Scheibenbeile aus Feuerstein, die sich zur Holzbearbeitung eigneten.

Unter den Steingeräten der Boberger Stufe aus der jüngeren Mittelsteinzeit gelten trapezförmige Pfeilspitzen, kleine und zierliche Dreiecksmikrolithen, Klingen mit halbkreisförmigem Rücken, länglich-schmale Dreiecksmikrolithen und lanzettförmige Spitzen mit Schneiden auf beiden Seiten als charakteristisch. Die Boberger Stufe entsprach zeitlich etwa der benachbarten Oldesloer Gruppe im angrenzenden Schleswig-Holstein. Im Gegensatz zu dieser verfügte sie aber über keine Kern- und Scheibenbeile.

Von der Boberger Stufe kennt man zahlreiche Fundstellen. Am namengebenden Fundplatz Boberg unweit von Hamburg sammelte vor allem der Amateur-Archäologe Max Behrens aus Lohbrügge. Weitere Fundstellen dieser Stufe sind unter anderem Bienrode[9] (Kreis Gifhorn), Westerbeck[10] (Kreis Gifhorn), Elmer See[11] (Kreis Bremervörde), Holter Moor[12] bei

Cuxhaven, Ohrensen/Issendorf[13] und Wangersen[14] (Kreis Stade), Nordhemmern[15] (Kreis Minden-Lübbecke), der Schäferberg[16] bei Hambühren (Kreis Celle), Schinderkuhle II[17] (Kreis Celle) und Sögel[18] im Hümling (Kreis Emsland).

Die Art und Weise vieler Bestattungen aus der Mittelsteinzeit in Mitteleuropa – wie Beisetzung auf Siedlungsplätzen, „liegende Hocker" in Schlafstellung, „sitzende Hocker", Rotfärbung des Toten sowie Werkzeug- und Schmuckbeigaben – deuten darauf hin, dass die damaligen Menschen an einen „lebenden Leichnam" glaubten. Verstorbene waren nach dieser Auffassung nicht tot, sondern lebten weiter und wurden als Mitglied der Gemeinschaft betrachtet. Durch die Zerstückelung von bestimmten Leichen wollte man vielleicht die Wiederkehr von gefürchteten Personen verhindern.

Nicht selten erfolgten Sonderbehandlungen des Leichnams. So sind unter anderem Schädelbestattungen, Körperbestattungen ohne Schädel und Leichenzerstückelungen nachgewiesen. Der schon in der Altsteinzeit praktizierte Schädelkult wurde auch in der Mittelsteinzeit ausgeübt. Als bedeutendster Beleg für diesen Kult gelten die insgesamt 34 Schädel mit Schlagspuren aus der Großen Ofnethöhle bei Holheim unweit von Nördlingen (Kreis Donau-Ries) in Bayern. Es ist unklar, ob die mit großer Wucht ausgeführten Schläge lebende Menschen trafen und somit deren Tod bewirkten oder ob sie einem bereits Verstorbenen galten. Schnittspuren an den Halswirbeln zeigen, dass die Schädel mit Gewalt vom übrigen Körper getrennt wurden. Angebrannte Knochen und Kohlestücke liefern einen Anhaltspunkt dafür, dass die zu den Kopfbestattungen gehörenden Körper verbrannt worden sind. Die mittelsteinzeitlichen Kopfbestattungen erinnern an die Rituale mancher Naturvölker, bei denen der Kopf als wichtigster Teil des Menschen im Mittelpunkt stand und besonders verehrt wurde. Es ist aber auch von grausamen Menschenopfern, rituell motiviertem Kannibalismus, einer spezifischen Bestattungsart (Kopfbestattung), einem Ahnenkult (Schädelkult) oder einem kriegerischen Massaker die Rede. Auch an Einzel-, Doppel- und Dreifachbestattungen machte man interessante Beobachtungen. So wurden manche Tote auf eine glühende Feuerstelle gelegt – vielleicht in der Hoffnung, sie so wieder zum Leben zu erwecken –, andere mit Steinen oder Hirschgeweih bedeckt oder mit Werkzeugen und Schmuck für das Jenseits versehen.

Weniger von archäologisch gesicherten Funden als von Bräuchen heutiger Naturvölker wird die Vorstellung abgeleitet, dass der Zauberer eines jeden Stammes über die Einhaltung religiöser Vorschriften gewacht hat. Ihm oblag auch die Durchführung magischer Riten. Dabei soll er sich meist durch eine unheimlich wirkende Verkleidung – wie etwa eine Hirschschädelmaske vor dem Gesicht, ein Tierfell mit Schwanz als Umhang und andere tierische Attribute – in eine übernatürliche Mischung aus Mensch und Tier verwandelt haben. So ausgestattet konnte der Zauberer für reichen Wild- und Fischbestand sorgen, Krankheiten vertreiben und vielleicht auch dafür beten, dass der große Wald, der immer endloser zu werden schien, nicht noch größer wurde. Dies tat er vielleicht, indem er ekstatische Tänze aufführte, an denen sich die übrigen Stammesgenossen beteiligten, die dann ebenfalls in Verzückung gerieten. Hirschschädelmasken sind aus Nordrhein-Westfalen (Erfttal bei Bedburg, Erftkreis), Brandenburg (Berlin-Bliesdorf) und Mecklenburg (Hohen Viecheln, Kreis Nordwestmecklenburg; Plau am See, Kreis Ludwigslust-Parchim) bekannt. Schauplätze solcher Riten, die einer uns unbekannten Gottheit galten, lagen – wie Funde zeigen – im Freiland und in Halbhöhlen.

Tanzender Zauberer (Schamane) mit Hirschschädelmaske.
Derartige Hirschschädelmasken fand man in Nordrhein-Westfalen
Brandenburg und Mecklenburg-Vorpommern.
Zeichnung: Fritz Wendler (1941–1995)
für das Buch „Deutschland in der Steinzeit" (1991)
von Ernst Probst

Anmerkungen

1] Der Begriff Holozän wurde um 1867 durch den Pariser Zoologen Paul Gervais (1816–1879) geprägt. Dieser Name fußt darauf, dass im Holozän (griechisch: holos = ganz, kainos [latinisiert: caenus] = neu) die Mollusken mit wenigen Ausnahmen bereits den heutigen entsprachen.

2] Der Name Präboreal (Zeit vor dem Boreal) wurde vermutlich um 1876 durch den norwegischen Botaniker Axel Blytt (1843–1918) geprägt.

3] Auch der Ausdruck Boreal wurde vermutlich um 1876 von Axel Blytt (s. Anm. 2) eingeführt.

4] Auch der Begriff Atlantikum wurde vermutlich um 1876 von Axel Blytt (s. Anm. 2) verwendet.

5] Die Fundstelle Ahlerstedt wurde durch den Prähistoriker Willi Wegewitz (1898–1996) entdeckt und 1928 beschrieben. Er war damals Leiter der Vorgeschichtlichen Abteilung des Museums Stade. Später wurde er Direktor des Helrns-Museums in Hamburg-Harburg.

6] Die Fundstelle Darlaten-Moor wurde Ende der 1920er Jahre von dem Heimatforscher Walther Adrian (1906–1990) aus Bielefeld entdeckt. Adrian begann bereits als 14jähriger Schüler mit dem Sammeln steinzeitlicher Geräte in der Umgebung seines Geburtsortes Bielefeld. Von 1926 bis 1956 entdeckte er zwischen Teutoburger Wald und Wiehengebirge etwa 100 steinzeitliche Fundplätze. Seine „Beiträge zur Steinzeitforschung in Ostwestfalen" von 1954 und 1956 sind noch immer wichtig für alle an der gesamten Steinzeit der Region arbeitenden Archäologen. 1971 verlieh ihm die Universität Münster den Ehrendoktortitel. Den krönenden Abschluss seiner Tätigkeit bildeten das Werk „Die Altsteinzeit in Ostwestfalen und Lippe"

(1982) und die mit Unterstützung seines Arbeitgebers Rudolf August Oetker ermöglichten „Studien über die Rohstoffe paläolithischer Artefakte" von 1979, 1981 und 1984. Seinen Lebensabend verbrachte er in Gießen.

7] Die Fundstelle auf dem Katzenberge bei Diddersee wurde im April 1929 durch den Lehrer Friedrich Schaper (1895–1950) aus Wipshausen entdeckt. Er fand in der Wand einer Kiesgrube Feuersteinwerkzeuge. Kurze Zeit später stellte er im Beisein des Lehrers Reinhold Troitzsch (1876–1948) aus Oberg einen Steinschlägerplatz fest.

8] Die Fundstelle Klausheide wurde durch den Arzt Karl Krumbein (1892–1961) aus Nordhorn entdeckt.

9] An der Fundstelle Bienrode hat im 19. Jahrhundert bereits der Museumsassistent Fritz Grabowsky (1857–1929) aus Braunschweig gesammelt, der später Direktor des Zoologischen Gartens in Breslau wurde.

10) An der Fundstelle Westerbeck („Insel im Moor") trug der Lehrer Hermann von der Kammer (1899–1971) aus Sülze Artefakte zusammen.

11] An der Fundstelle Elmer See sammelte seit 1926 der ehrenamtliche Kreisbeauftragte für Natur- und Kulturdenkmalpflege des Kreises Bremervörde, August Bachmann (1893–1985).

12] Die Fundstelle Halter Moor bei Cuxhaven wurde durch den Monteur Paul Büttner (1895–1969) aus Cuxhaven untersucht.

13] Auf die Fundstelle Ohrensen/Issendorf wurde man 1925 aufmerksam, als große Teile der Heidefläche umgebrochen wurden. Dort gruben Willi Wegewitz aus Stade (s. Anm. 5) und der damals 16jährige Karl Kersten (1909–1992) aus Stade, der spätere Direktor des Schleswig-Holsteinischen Landesmuseums für Vor- und Frühgeschichte in Schleswig.

14] Auf den Fundplatz Wangersen wurde 1941 der Lehrer Heinrich Reese (1886–1941) aus Bützflethermoor/Stade aufmerksam.

15] Der Fundplatz Nordhemmern wurde Mitte der 1920er Jahre durch den Heimatforscher Walther Adrian (s. Anm. 6) aus Bielefeld entdeckt.

16] Der Fundplatz Schäferberg bei Hambühren wurde 1900 von dem Eisenbahninspektor Adolf Schacht (1856–1932) aus Lüneburg entdeckt.

17] Der Fundplatz Schinderkuhle bei Celle wurde von dem Sammler Wilhelm Lampe (1825–1897) während dessen Tätigkeit in der Lazarettverwaltung Celle untersucht.

18] In Sögel (Hundeberge) sammelte der Rechtsanwalt Wilhelm Schlicht (1906–1971) aus Sögel.

Literatur

ADRIAN, Walther: Die Tardenoisienstation Darlaten-Moor
bei Uchte in Hannover. In: Prähistorische Zeitschrift,
S. 77–88, Berlin 1931.

ANDREE, Julius: Beiträge zur Kenntnis des norddeutschen
Paläolithikums und Mesolithikurns. In: Mannus-Bibliothek,
Leipzig 1952.

ASMUS, Wolfgang Dietrich: Die altsteinzeitliche Siedlung
von Dörgen. Kr. Meppen. In: Die Kunde, S. 130–132,
Hannover 1936.

BARNER, Wilhelm: Frühmesolithische Fundplätze und
Einzelfunde im Raume Alfeld (Leine). In: Göttinger
Jahrbuch, S. 37–48, Göttingen 1966.

BREEST, Klaus: Fundstellen der mittleren Steinzeit an der
Lucie, Ldkr. Lüchow-Dannenberg. In: Die Kunde, S. 59–83,
Hannover 1985.

BREEST, Klaus: Ein spätmesolithischer Siedlungsplatz im
Übergang zum Protoneolithikum bei Grabow, Ldkr.
Lüchow-Dannenberg. In: Die Kunde, S. 49–58, Hannover
1987.

CLAUS, Martin: Dr. Walter Nowothnig † In: Nachrichten
aus Niedersachsens Urgeschichte, S. 374–380, Hannover
1971.

FABESCH, Udo: Die Steinartefakte vom Wedebruch. Ein
mesolithischer Fundplatz am Nordharzrand, Gem.
Langelsheim, Kreis Goslar. In: Neue Ausgrabungen und
Forschungen in Niedersachsen, S. 1–60, Hildesheim 1966.

GERKEN, Klaus: Bierden FStNr. 30, Gde. Stadt Achim,
Ldkr. Verden, ehem. Reg.Bez. Lü., In: Nachrichten aus
Niedersachsens Urgeschichte, Beiheft 16, Fundchronik

Niedersachsen 2011, S. 232–234, Stuttgart 2012.
GERKEN, Klaus: Bierden FStNr. 31, Gde. Stadt Achim,
Ldkr. Verden, ehem. Reg.Bez. Lü., In: Nachrichten aus
Niedersachsens Urgeschichte, Beiheft 16, Fundchronik
Niedersachsen 2011, S. 234–236, Stuttgart 2012.
GROTE, Klaus: Das südniedersächsische Bergland-
mesolithikum. In: Neue Ausgrabungen und Forschungen in
Niedersachsen, S. 76–160, Hildesheim 1976.
GROTE, Klaus: Die Buntsandsteinabris im südnieder-
sächsischen Bergland bei Göttingen. Erfassung und
Untersuchung ihrer ur- und frühgeschichtlichen Nutzung
(1983–1987). In: Die Kunde. S. 1–43, Hannover 1988.
GROTE, Klaus: Die Felsdächer im Buntsandsteingebiet bei
Göttingen. In: Führer zu archäologischen Denkmälern in
Deutschland, Stadt und Landkreis Göttingen, S. 25–42,
Stuttgart 1988.
GROTE, Klaus: Urgeschichtlich besiedelte Abris am
Bettenroder Berg im Reinhäuser Wald. In: Führer zu
archäologisclien Denkmälern in Deutschland. Stadt und
Landkreis Göttingen, S. 222–225, Stuttgart 1988.
GROTE, Klaus: Das Buntsandsteinabri Bettenroder Berg IX
im Reinhäuser Wald bei Göttingen – Paläolithikum und
Mesolithikum. In: Archäologisches Korrespondenzblatt,
S. 137–147, Mainz 1990.
GROTE, Klaus: Felsenfeste Wohnungen der Urgeschichte.
Die Felsschutzdächer (Abris) im Göttinger Raum. In: Weg-
weiser zur Vor- und Frühgeschichte Niedersachsens,
Heft 30, Oldenburg 2014.
GROTE, Klaus: Mesolithikum. Untersuchungen zwischen
Weser, Werra und Oberharz.
www.grote-archaeologie.de/meso.html
GROTE, Klaus / TERBERGER, Thomas: Die prä-

historischen Kinderbestattungen vom Abri Bettenroder Berg
IX im Reinhäuser Wald bei Göttingen. In: Archäologisches
Korrespondenzblatt 41, S. 183–194, Mainz 2011.
HAECKER, Hans-Joachim: Bericht über neue Funde auf
dem mittelsteinzeitlichen Siedlungsplatz von Bredenbeck am
Deister, Gemeinde Wennigsen (Deister), Ldkr. Hannover. In:
Nachrichten aus Niedersachsens Urgeschichte, S. 259–264,
Hildesheim 1978.
KITZ, Werner: Die Fundstelle 13 bei Coldinne, Ldkr.
Aurich – ein mesolithisches Jägerlager. In: Archäologische
Mitteilungen aus Nordwestdeutschland, S. 1–10, Oldenburg
1986.
KITZ, Werner: Die Steinzeit in Ostfriesland, Aurich 1988.
NOWOTHNIG, Walter: Der mittelsteinzeitliche
Siedlungsplatz von Bredenbeck am Deister, Kreis Hannover.
In: Neue Ausgrabungen und Forschungen in Niedersachsen,
S. 1–19, Hildeshein 1966.
PAETZOLD, Frank / PAETZOLD, Petra: Die Schamanin
von Bad Dürrenberg, Norderstedt 2019.
P1ESKER, Hans: Ein mittelsteinzeitlicher Grundriß von
Bockum, Kreis Lüneburg. In: Nachrichtenblatt für Deutsche
Vorzeit, S. 17–51, Leipzig 1957.
REESE, Heinrich: Mittelsteinzeitliche Funde vom Elmer
See, Kr. Stade-Bremervörde. In: Die Kunde, S. 162–165,
Hannover 1937.
SCHAPER, Friedrich: Ein mesolithischer Werkstättenfund
auf dem Katzenberge bei Didderse im Kreise Gifhorn. In:
Nachrichten aus Niedersachsens Vorgeschichte, S. 42–49,
Hildesheim 1929.
SCHINDLER, Reinhard: Die Entdeckung zweier
jungsteinzeitlicher Wohnplätze unter dem Marschenschlick
im Vorgelände der Boberger Dünen und ihre Bedeutung für

die Steinzeitforschung Nordwestdeutschlands. In: Hamma-
burg, S. 1–17, Hamburg 1953.
SCHWABEDISSEN, Hermann: Die mittlere Steinzeit im
westlichen Norddeutschland. In: Offa-Bücher. Neumünster
1911.
SCHWANOLD, Heinrich: Die mesolithische Siedlung an den
Retlager Quellen. In: Mitteilungen aus der lippischen
Geschichte und Landeskunde, S. 94–114, Detmold 1933.
SCHWARTZ-MACKENSEN, Gesine: Jägerkulturen zwischen
Harz und Aller. Oberflächenfunde der Älteren und Mittleren
Steinzeit im Braunschweigischen, Hildesheim 1978.
SCHWARZ-MACKENSEN, Gesine: Mesolithikum und
Frühneolithikum im mittleren Niedersachsen. In: Führer zu
vor- und frühgeschichtlichen Denkmälern. Hannover –
Nienburg. S. 43–58, Mainz 1981.
THIEME, Hartmut: Alt- und Mittelsteinzeit in Niedersachsen.
In: Ausgrabungen in Niedersachsen. Archäologische
Denkmalpflege 1979 bis 1984, S. 49–51, Stuttgart 1985.
THIEME, Hartmut: Mittelsteinzeitliche Fundstreuungen bei
Westerrode am Nordharz, Landkreis Goslar. In: Ausgrabungen
in Niedersachsen, S. 76–78, Hannover 1985.
THIEME, Hartmut: Alt- und Mittelsteinzeit. In: HÄSSLER,
Hans-Jürgen (Herausgeber): Ur- und Frühgeschichte in
Niedersachsen, S. 9–99, Stuttgart 1991.
TROMNAU, Gernot: Präborealzeitliche Fundplätze im
norddeutschen Flachland. In: Veröffentlichungen des Museums
für Ur- und Frühgeschichte Potsdam, S. 67–71, Berlin 1980.
WIKIPEDIA (Online-Lexikon): Venus von Bierden.
https://de.wikipedia.org/wiki/Venus_von_Bierden
ZEITZ, Bernhard: Paläolithische und mesolithische Funde aus
dem Kreis Gifhorn, Hildesheim 1969.

Autor Ernst Probst.
Foto: Klaus Benz, Fotograf, Mainz-Laubenheim

Der Autor

Ernst Probst, geboren am 20. Januar 1946 in Neunburg vorm Wald im bayerischen Regierungsbezirk Oberpfalz, ist Journalist und Wissenschaftsautor. Er arbeitete von 1968 bis 1971 bei den „Nürnberger Nachrichten", von 1971 bis 1973 in der Zentralredaktion des „Ring Nordbayerischer Tageszeitungen" in Bayreuth und von 1973 bis 2001 bei der „Allgemeinen Zeitung", Mainz. In seiner Freizeit schrieb er Artikel für die „Frankfurter Allgemeine Zeitung", „Süddeutsche Zeitung", „Die Welt", „Frankfurter Rundschau", „Neue Zürcher Zeitung", „Tages-Anzeiger", Zürich, „Salzburger Nachrichten", „Die Zeit", „Rheinischer Merkur", „Deutsches Allgemeines Sonntagsblatt", „bild der wissenschaft", „kosmos", „Deutsche Presse-Agentur" (dpa), „Associated Press" (AP) und den „Deutschen Forschungsdienst" (df). Aus seiner Feder stammen die Bücher „Deutschland in der Urzeit" (1986), „Deutschland in der Steinzeit" (1991), „Rekorde der Urzeit" (1992), „Dinosaurier in Deutschland" (1993 zusammen mit Raymund Windolf) und „Deutschland in der Bronzezeit" (1996). Von 2001 bis 2006 betätigte sich Ernst Probst als Buchverleger sowie zeitweise als internationaler Fossilienhändler und Antiquitätenhändler. Insgesamt veröffentlichte er mehr als 300 Bücher, Taschenbücher, Broschüren und über 300 E-Books.

Bücher von Ernst Probst

(Auswahl)

Als Mainz im Meer lag
Als Mainz noch nicht am Rhein lag
Der Europäische Jaguar
Der Mosbacher Löwe. Die riesige Raubkatze aus Wiesbaden
Der Rhein-Elefant. Das Schreckenstier von Eppelsheim
Der Ur-Rhein. Rheinhessen vor zehn Millionen Jahren
Deutschland im Eiszeitalter
Deutschland in der Frühbronzezeit
Deutschland in der Mittelbronzezeit
Deutschland in der Spätbronzezeit
Die Aunjetitzer Kultur in Deutschland
Die Straubinger Kultur in Deutschland
Die Singener Gruppe
Die Arbon-Kultur in Deutschland
Die Ries-Gruppe und die Neckar-Gruppe
Die Adlerberg-Kultur
Der Sögel-Wohlde-Kreis
Die nordische Bronzezeit in Deutschland
Die Hügelgräber-Kultur in Deutschland
Die ältere Bronzezeit in Nordrhein-Westfalen
Die Bronzezeit in der Lüneburger Heide
Die Stader Gruppe
Die Oldenburg-emsländische Gruppe
Die Urnenfelder-Kultur in Deutschland
Die ältere Niederrheinische Grabhügel-Kultur
Die Unstrut-Gruppe
Die Helmsdorfer Gruppe

Die Saalemündungs-Gruppe
Die Lausitzer Kultur in Deutschland
Die Dolchzahnkatze Megantereon
Die Dolchzahnkatze Smilodon
Die Säbelzahnkatze Homotherium
Die Säbelzahnkatze Machairodus
Die Schweiz in der Frühbronzezeit
Die Rhône-Kultur in der Westschweiz
Die Arbon-Kultur in der Schweiz
Die Schweiz in der Mittelbronzezeit
Die Schweiz in der Spätbronzezeit
Dinosaurier von A bis K. Von Abelisaurus bis zu
Kritosaurus
Dinosaurier von L bis Z. Von Labocania bis zu Zupaysaurus
Der rätselhafte Spinosaurus. Leben und Werk des Forschers
Ernst Stromer von Reichenbach
Eiszeitliche Geparde in Deutschland
Eiszeitliche Leoparden in Deutschland
Höhlenlöwen. Raubkatzen im Eiszeitalter
Hermann von Meyer. Der große Naturforscher aus
Frankfurt am Main
Johann Jakob Kaup. Der große Naturforscher aus
Darmstadt
Krallentiere am Ur-Rhein
Neues vom Ur-Rhein. Interview mit dem Geologen und
Paläontologen Dr. Jens Sommer
Österreich in der Frühbronzezeit
Österreich in der Mittelbronzezeit
Österreich in der Spätbronzezeit
Raub-Dinosaurier von A bis Z. Mit Zeichnungen von
Dmitry Bogdanav und Nobu Tamura
Rekorde der Urmenschen. Erfindungen, Kunst und Religion

Rekorde der Urzeit. Landschaften, Pflanzen und Tiere
Säbelzahnkatzen. Von Machairodus bis zu Smilodon
Säbelzahntiger am Ur-Rhein. Machairodus und
Paramachairodus
Was ist ein Menhir? Interview mit dem Mainzer
Archäologen Dr. Detert Zylmann
Wer ist der kleinste Dinosaurier? Interviews mit dem
Wissenschaftsautor Ernst Probst
Wer war der Stammvater der Insekten? Interview mit dem
Stuttgarter Biologen und Paläontologen Dr. Günther Bechly
6000 Jahre Kastel. Von der Steinzeit bis zum 21. Jahrhundert
5000 Jahre Kostheim. Von der Steinzeit bis zum
21. Jahrhundert
Kastel in der Vorzeit. Von der Jungsteinzeit bis Christi
Geburt
Kostheim in der Vorzeit. Von der Jungsteinzeit bis Christi
Geburt
Wiesbaden in der Steinzeit
Anno 1.000.000. Deutschland in der älteren Altsteinzeit
Die Altsteinzeit. Eine Periode der Steinzeit in Europa vor etwa
1.000.000 bis 10.000 Jahren
Das Protoacheuléen. Eine Kulturstufe der Altsteinzeit vor etwa
1,2 Millionen bis 600.000 Jahren
Das Altacheuléen. Eine Kulturstufe der Altsteinzeit vor etwa
600.000 bis 350.000 Jahren
Das Jungacheuléen. Eine Kulturstufe der Altsteinzeit vor etwa
350.000 bis 150.000 Jahren
Das Spätacheuléen. Eine Kulturstufe der Altsteinzeit vor etwa
150.000 bis 100.000 Jahren
Die Lanze von Lehringen. Der Jahrhundertfund aus der
Altsteinzeit
Das Moustérien. – Die große Zeit der Neanderthaler

Das Aurignacien. Eine Kulturstufe der Altsteinzeit vor etwa
40.000 bis 31.000 Jahren
Das Gravettien. Eine Kulturstufe der Altsteinzeit vor etwa
35.000 bis 24.000 Jahren
Das Magdalénien. Die Blütezeit der Rentierjäger vor etwa
18.000 bis 14.000 Jahren
Die Hamburger Kultur. Eine Kulturstufe der Altsteinzeit vor
etwa 15.700 bis 14.200 Jahren
Die Federmesser-Gruppen. Eine Kulturstufe der Altsteinzeit
vor etwa 14.000 bis 12.800 Jahren
Das Steinzeit-Grab von Bonn-Oberkassel. Ein rätselhafter
Fund aus der Zeit der Federmesser-Gruppen
Die Ahrensburger Kultur. Eine Kulturstufe der Altsteinzeit
vor etwa 12.760 bis 11.650 Jahren
Die Altsteinzeit in Österreich., Jäger und Sammler vor
250.000 bis 10.000 Jahren
Das Jungacheuléen in Österreich
Das Moustérien in Österreich
Das Aurignacien in Österreich
Das Gravettien in Österreich
Das Magdalénien in Österreich
Das Magdalénien in der Schweiz
Die Mittelsteinzeit
Deutschland in der Mittelsteinzeit
Die Mittelsteinzeit in Baden-Württemberg
Die Mittelsteinzeit in Bayern
Die Mittelsteinzeit in Rheinland-Pfalz
Die Mittelsteinzeit in Hessen
Die Mittelsteinzeit in Nordrhein-Westfalen
Die Mittelsteinzeit in Niedersachsen
Die Mittelsteinzeit in Thüringen, Sachsen-Anhalt, Sachsen
und im südlichen Brandenburg

Die Mittelsteinzeit in Schleswig-Holstein, Mecklenburg und im nördlichen Brandenburg
Die ersten Bauern in Deutschland. Die Linienbandkeramische Kultur (5.500 bis 4.900 v. Chr.)
Die Ertebölle-Ellerbek-Kultur. Eine Kultur der Jungsteinzeit vor etwa 5.000 bis 4.300 v. Chr.
Die Stichbandkeramik. Eine Kultur der Jungsteinzeit vor etwa 4.900 bis 4.500 v. Chr.
Die Oberlauterbacher Gruppe. Eine Kulturstufe der Jungsteinzeit vor etwa 4.900 bis 4.500 v. Chr.
Die Hinkelstein-Gruppe. Eine Kulturstufe der Jungsteinzeit vor etwa 4.900 bis 4.800 v. Chr.
Die Rössener Kultur. Eine Kultur der Jungsteinzeit vor etwa 4.600 bis 4.300 v. Chr.
Die Kupferzeit. Wie die ersten Metalle in Mitteleuropa bekannt wurden
Die Michelsberger Kultur. Eine Kultur der Jungsteinzeit vor etwa 4.300 bis 3.500 v. Chr.
Das Rätsel der Großsteingräber. Die nordwestdeutsche Trichterbecher-Kultur vor etwa 4.300 bis 3.000 v. Chr.
Die Baalberger Kultur. Eine Kultur der Jungsteinzeit vor etwa 4.300 bis 3.700 v. Chr.
Pfahlbauten in Süddeutschland. Dörfer der Jungsteinzeit und Bronzezeit an Seen, Mooren und Flüssen
Die Altheimer Kultur / Die Pollinger Gruppe. Zwei Kulturen der Jungsteinzeit vor etwa 3.900 bis 3.500 v. Chr.
Die Salzmünder Kultur. Eine Kultur der Jungsteinzeit vor etwa 3.700 bis 3.200 v. Chr.
Die Chamer Gruppe. Eine Kulturstufe der Jungsteinzeit vor etwa 3.500 bis 2.800 v. Chr.
Die Wartberg-Kultur. Eine Kultur der Jungsteinzeit vor etwa 3.500 bis 2.800 v. Chr.

Die Walternienburg-Bernburger Kultur. Eine Kultur der
Jungsteinzeit vor etwa 3.200 bis 2.800 v. Chr.

Die Kugelamphoren-Kultur. Eine Kultur der Jungsteinzeit
vor etwa 3.100 bis 2.700 v. Chr.

Die Schnurkeramischen Kulturen. Kulturen der Jungsteinzeit
von etwa 2.800 bis 2.400 v. Chr.

Die Einzelgrab-Kultur. Eine Kultur der Jungsteinzeit vor
etwa 2.800 bis 2.300 v. Chr.

Die Schönfelder Kultur. Eine Kultur der Jungsteinzeit vor
etwa 2.800 bis 2.200 v. Chr.

Die Glockenbecher-Kultur. Eine Kultur der Jungsteinzeit
vor etwa 2.500 bis 2.200 v. Chr.

Die ersten Bauern in Österreich. Die Linienbandkeramische
Kultur vor etwa 5.500 bis 4.900 v. Chr.

Die Lengyel-Kultur in Österreich. Eine Kultur der
Jungsteinzeit vor etwa 4.900 bis 4.400 v. Chr.

Die Mondsee-Gruppe. Eine Kulturstufe der Jungsteinzeit
vor etwa 3.700 bis 2.900 v. Chr.

Die Badener Kultur in Österreich. Eine Kultur der
Jungsteinzeit vor etwa 3.600 bis 2.900 v. Chr.

Die ersten Pfahlbauten in der Schweiz. Die Anfänge der
Pfahlbauforschung und die Egolzwiler Kultur

Die Cortaillod-Kultur. Eine Kultur der Jungsteinzeit vor
etwa 4.000 bis 3.500 v. Chr.

Die Pfyner Kultur in der Schweiz. Eine Kultur der
Jungsteinzeit vor etwa 4.000 bis 3.500 v. Chr.

Die Horgener Kultur in der Schweiz. Eine Kultur der
Jungsteinzeit vor etwa 3.500 bis 2.800 v. Chr.

Die Schnurkeramiker in der Schweiz. Eine Kultur der
Jungsteinzeit vor etwa 2.800 bis 2.400 v. Chr.

www.ingramcontent.com/pod-product-compliance
Lightning Source LLC
Chambersburg PA
CBHW070511220526
45467CB00002B/620